UN FOCO EN LA NATURALEZA

EL LEOPARDO

JULIE Y DAVID LAVENDER

TRADUCCIÓN DE SANTIAGO OCHOA

CREATIVE EDUCATION · CREATIVE PAPERBACKS

Published by Creative Education and Creative Paperbacks
P.O. Box 227, Mankato, Minnesota 56002
Creative Education and Creative Paperbacks are imprints
of The Creative Company
www.thecreativecompany.us

Design by Jennifer Bowers; production Beeline Media & Design, Inc.
Art direction by Tom Morgan
Translated by Santiago Ochoa
Printed in the United States of America

Photographs by Alamy (blickwinkel/S. Meyers), Dreamstime (Dennis Schaefer, Grayfoxx1942, Andrea Poole), Getty Images (Aditya Singh, Leopardinatree, skynesher, Steve Adams), Shutterstock (EcoPrint, MeadwayK, M Rutherford, slowmotiongli, RachenStocker, Grindstone Media Group, Eric Isselee, Xyo, james_stone76, Stu Porter, Pavith Malaka, Albie Venter, MrNoe, rajvish stock, Ondrej Prosicky, ylq, kyslynskahal)

Library of Congress Cataloging-in-Publication Data
Names: Lavender, Julie, author. | Lavender, David R., 1961- author.
Title: El leopardo / Julie and David Lavender.
Other titles: Leopard. Spanish
Description: Mankato, Minnesota : Creative Education and Creative Paperbacks, [2025] | Series: Un foco en la naturaleza | Includes bibliographical references and index. | Audience: Ages 10-13 | Audience: Grades 4-6 | Summary: "Prowl the leopard's world with our new book for mid-level readers, in Spanish. An engaging narrative of a leopard family, captivating images, infographics, milestones, and resources make it perfect for young nature enthusiasts"-- Provided by publisher.
Identifiers: LCCN 2024003314 (print) | LCCN 2024003315 (ebook) | ISBN 9798889894704 (library binding) | ISBN 9781682776940 (paperback) | ISBN 9798889894780 (ebook)
Subjects: LCSH: Leopard--Juvenile literature. | Leopard--Life cycles--Juvenile literature. | Leopard--Behavior--Juvenile literature. | Leopard--Amur River Valley (China and Russia)--Juvenile literature.
Classification: LCC QL737.C23 L368718 2025 (print) | LCC QL737.C23 (ebook) |
DDC 599.75/5415--dc23/eng/20240310

ÍNDICE

CONOCE A LA FAMILIA

LOS LEOPARDOS DE AMUR

de la cuenca del Amur

El río Amur separa el sureste de Rusia y el noreste de China. En la cuenca de 4,000 acres (1,620 hectáreas) a lo largo del río, muchos animales prosperan. Deben ser capaces de sobrevivir a inviernos duros y nevados y a temperaturas bajo cero. Nutrias, ratas almizcleras y grullas viven en los humedales de la zona. Los esquivos leopardos de Amur **acechan** a sus presas en los bosques de abedules. Comparten los densos bosques con lobos, osos pardos, ardillas, martas y muchas otras especies. Alces, renos, venados sika, corzos y borregos cimarrones buscan alimento en las vastas estepas.

Es una agradable mañana de junio, con temperaturas que alcanzan los 65 grados Fahrenheit (18 grados Celsius). Una hembra de leopardo de Amur camina cerca de grandes rocas. Su movimiento asusta a una liebre, pero ella no está interesada en comer en este momento. Durante tres meses, dos cachorros gemelos han estado desarrollándose dentro de ella. A medida que su vientre se aprieta, ella se introduce por una grieta entre dos rocas. Es hora de que nazcan los cachorros.

PRIMER PLANO

Bigotes

Los leopardos tienen unos bigotes especializados, llamados mistaciales, en el labio superior. Estos bigotes tienen nervios sensoriales que ayudan al leopardo a conocer la posición de la presa que captura. Los bigotes ayudan al leopardo a dar un mordisco preciso para matar rápidamente.

CAPÍTULO UNO

LA VIDA COMIENZA

Los leopardos son uno de los cinco mamíferos del grupo de los grandes felinos. También pertenecen a este grupo los tigres, los leones y los jaguares, que son más grandes que los leopardos. El quinto gran felino, el leopardo de las nieves, tiene aproximadamente el mismo tamaño que un leopardo.

El leopardo vive en más lugares de la Tierra que cualquier otro gran felino. Nueve **subespecies** viven en los continentes de África, Europa y Asia. Los leopardos viven en diversos hábitats, como praderas, bosques, montañas, desiertos y selvas tropicales. Son cazadores **oportunistas** que comen casi cualquier animal que encuentren. Sus alimentos favoritos parecen ser los animales con **pezuñas**, como antílopes, venados o gacelas. Los leopardos también comen monos, ratones, ratas, reptiles, aves, peces e incluso insectos. A veces, los expertos cazadores se convierten en cazados. Leones, tigres, hienas, lobos, cocodrilos y pitones a veces cazan leopardos.

HITOS DEL LEOPARDO DE AMUR

DÍA 1

- Nace.
- Su pelaje fino con manchas tenues se ve gris.
- Es ciego y desdentado.
- Peso: 21 onzas (595 gramos).

1 SEMANA

- Vive de la leche materna.
- Abre los ojos.
- Se arrastra.
- Maúlla suavemente.

La mayoría de los leopardos tienen el pelaje claro en tonos amarillos y naranjas. Manchas negras con forma de rosas cubren el cuerpo del leopardo. Los científicos llaman a estas manchas rosetas. Las hembras adultas de leopardo pesan entre 45 y 132 libras (20 y 60 kilos). Los machos adultos pesan entre 80 y 165 libras (36 y 75 kg). Medidos desde la punta de la cola hasta la nariz, los leopardos pueden medir casi 10 pies (tres metros). Eso es más largo que dos alumnos de quinto curso apilados de la cabeza a los pies.

Los leopardos adultos son animales solitarios. Sólo se reúnen para cortejar y aparearse. Una madre leopardo da a luz a uno, dos o tres cachorros en una camada. Cada cachorro pesa entre una y dos libras (0.5 a 1 kg).

PRIMER PLANO

Lenguas útiles

La lengua del leopardo tiene protuberancias especializadas. Cada protuberancia tiene un gancho afilado. Esta característica ayuda a los leopardos a acicalarse el pelaje. También les ayuda a sacar hasta el último bocado de carne de los huesos de sus presas.

FAMLIA DESTACADA

Bienvenido al mundo

La madre leopardo se echa en el suelo y estira las patas incómodamente. Rueda sobre su lomo y jadea con fuerza. Pronto nace la primera cría, una hembra. La madre la lame hasta dejarla limpia. Dos horas después, tras más contracciones, nace otro cachorro. Este es un macho. Una vez más, la madre lame al recién nacido. El pelaje de los cachorros es más delgado que el de la madre. Las manchas tenues les dan un color grisáceo. Los gemelos son débiles, se tambalean y no tienen dientes. Cada uno pesa poco más de una libra (0.5 kg).

Los leopardos machos no participan en el cuidado de los cachorros. La **leoparda** es su única proveedora y cuidadora.

Un cachorro de leopardo abre sus ojos azules entre seis y 10 días después de nacer. Cada pocos días, una madre leopardo traslada a sus cachorros a una nueva madriguera. Así los mantiene a salvo de los depredadores. Durante los primeros meses, los cachorros sólo sobreviven con la leche materna. Esperan pacientemente cuando ella los deja para irse a cazar. Bajo la atenta mirada de su madre, los cachorros recorren distancias cortas desde la madriguera. Empiezan a probar pequeños bocados de carne que su madre les trae de la caza. De este modo, los cachorros desarrollan el gusto por las presas que pronto aprenderán a cazar por sí mismos. Una madre leopardo y sus cachorros permanecen juntos durante dos años.

(6) SEMANAS

- El pelaje se espesa y ahora es más dorado.
- Los puntos negros son más visibles.
- Le han salido los dientes.
- Practica el acecho y el ataque con algún hermano o la madre.

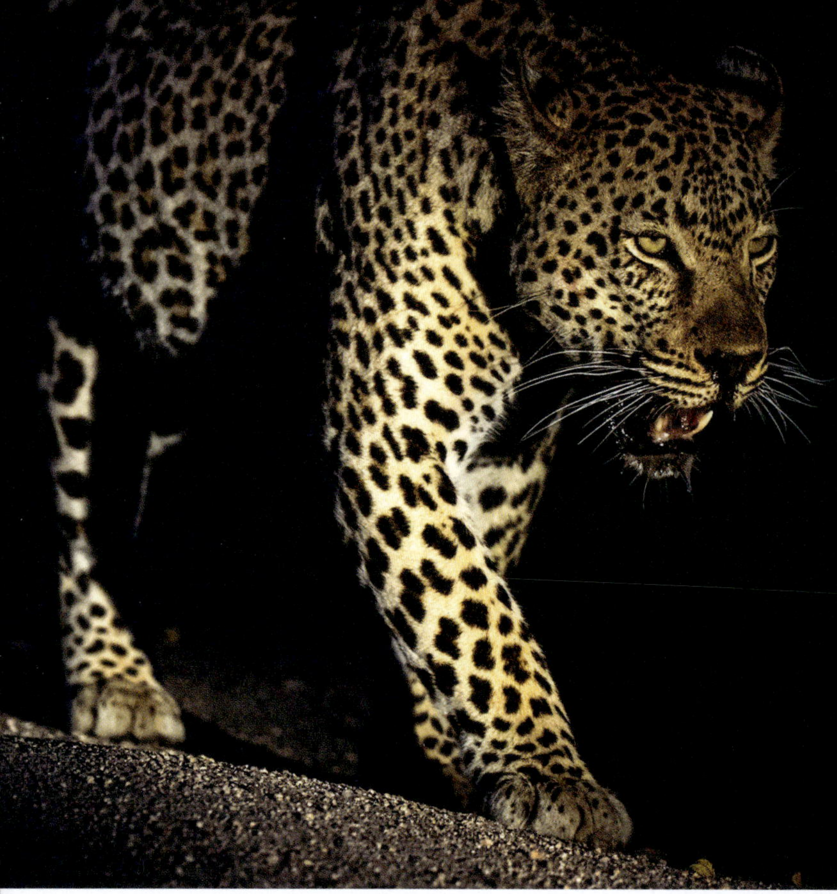

PRIMER PLANO

Días de pereza

Los leopardos son animales **nocturnos** que cazan de noche. Sus grandes ojos les ayudan a ver bien en la oscuridad. Durante el día, los leopardos disfrutan descansando en la rama de un árbol. Les gusta colgar las patas a los lados.

FAMLIA DESTACADA

La primera comida

Totalmente dependiente de su madre, el leopardo macho de Amur recién nacido se amamanta poco después de nacer. Se acurruca, encuentra un pezón y toma la sustanciosa leche de su madre. En los primeros días tras el nacimiento, su madre pasará mucho tiempo acurrucándolo, limpiándolo y amamantándolo. Al cabo de una semana, el cachorro abre los ojos. Ahora está más alerta y es más estable sobre sus patas. Durante los próximos meses, su único alimento será la leche materna. Después, empezará a mordisquear los restos de liebre o venado sika que su madre trae a casa de sus cacerías.

8 SEMANAS

- Come restos de carne de las cacerías de su madre.
- Pelaje cubierto de rosetas.
- Su peso se ha duplicado desde su nacimiento.

12 SEMANAS

- Se ha destetado.
- Sigue a la madre cuando caza.
- Sus habilidades para acechar, abalanzarse y trepar mejoran con la práctica.

PRIMER PLANO

Escaladores expertos

Los leopardos son excelentes escaladores. Son lo bastante fuertes como para subir a los árboles cadáveres que pesan tres veces más que ellos. Esconden las presas en las ramas para mantenerlas alejadas de otros depredadores. Esta práctica les permite alimentarse durante varios días sin ser molestados.

CAPÍTULO DOS

LAS PRIMERAS AVENTURAS

Durante semanas, los cachorros de leopardo practican comportamientos de acecho y abalanzamiento mientras juegan. Una vez **destetados**, siguen a su madre a los bosques y praderas para cazar de verdad. Sus ojos han pasado del azul al amarillo. Sus sentidos son agudos. Su excelente vista y oído les ayudan a acercarse sigilosamente a sus presas sin ser vistos. A medida que crecen, su pelaje se vuelve más dorado. Sus rosetas negras se hacen más visibles. Este patrón de color sirve de camuflaje para ocultar a los leopardos de depredadores y presas.

Los cachorros de leopardo observan a su madre mientras caza. Agazapados cerca de ella, imitan sus acciones para practicar sus habilidades de caza. Una leoparda apenas hace ruido cuando acecha. Se abalanza sobre sus presas y las estrangula con un mordisco en el cuello.

4 MESES

- Acecha y mata pequeñas presas para alimentarse.
- Permanece cerca de la madre y los hermanos.

6 MESES

- Acecha y mata presas medianas.
- Ahora es menos probable que se convierta en presa de animales más grandes.

PRIMER PLANO

¿Panteras negras?

Algunos leopardos producen en exceso un pigmento llamado melanina. La melanina hace que su pelaje sea negro. A estos felinos se les suele llamar panteras negras, pero en realidad no existe tal especie. El pelaje negro encubre las manchas del leopardo, pero las manchas siguen ahí.

FAMLIA DESTACADA

Mira quién acecha

A medida que crece, el cachorro de leopardo de Amur observa atentamente a su madre. Ve cómo se agacha tanto que el pelaje de su vientre roza la hierba. Se da cuenta de cómo mueve cada garra entre la maleza sin hacer ruido. Un día, es testigo de un ataque sorpresa a un corzo cuando su madre se abalanza y hunde los dientes en el cuello del animal para matarlo. Imitándola, el cachorro y su hermana acechan y se abalanzan mientras juegan. La cachorra se agacha en la hierba y se acerca sigilosamente a su hermano. Se abalanza sobre su lomo, y los gemelos se revuelcan en la hierba. Están practicando habilidades que pronto necesitarán para cazar.

Con sus fuertes mandíbulas y su enorme fuerza, una madre leopardo lleva a su presa hasta un árbol cercano. Trepa a lo alto y coloca el cadáver entre dos ramas. La madre come primero. Después, sus cachorros se acercan a la rama y toman su turno. Los leopardos suelen comer en lo alto de los árboles para evitar que los carroñeros se lleven su comida. Esta práctica también protege a los cachorros de los depredadores que huelen la presa fresca.

Imitando a su madre, los cachorros de leopardo aprenden pronto a cazar por su cuenta. Empiezan capturando insectos y roedores. Luego pasan a presas más grandes. Con cada caza, los jóvenes leopardos desarrollan la capacidad de ser completamente silenciosos mientras acechan a los animales a través de la hierba y la maleza. Sus embestidas se vuelven más potentes y precisas. Al cumplir 18 meses, ya son cazadores expertos.

(12) MESES

- Caza presas grandes con la ayuda de sus hermanos.
- Arrastra presas grandes a lo alto de un árbol antes de comérselas.

(18) MESES

- Capaz de derribar presas grandes.
- Caza de forma independiente, pero permanece con la madre.

PRIMER PLANO

Observa la cola

La punta de la cola de una hembra de leopardo tiene la parte inferior blanca. Es fácil de ver, incluso con poca luz. Los científicos creen que una leoparda enrosca la cola cuando camina para comunicarse con sus cachorros y decirles: «Síganme».

FAMLIA DESTACADA

Inténtalo

Con cuatro meses de edad, el cachorro de leopardo de Amur acecha a una ardilla. Su madre permanece cerca. Pisa una ramita y esta se quiebra con fuerza. Alertada por el ruido, la ardilla trepa a un árbol y escapa. El cachorro no se desanima. Divisa un ratón y se agacha para acechar a su presa. Justo cuando está listo para abalanzarse, su madre lanza un grito de advertencia. Cuatro lobos corren hacia los leopardos. Siguiendo el ejemplo de su madre, el cachorro corre hacia la seguridad de un árbol y salta a sus ramas más bajas. Aún tiene hambre, pero está a salvo. Lo volverá a intentar otro día.

Los cachorros de leopardo practican los comportamientos de ACECHAR y ABALANZARSE mientras juegan.

(24) **MESES**

- Abandona a la madre para establecer su propio territorio.
- Machos y hembras cazan y viven independientemente.
- Llevan una vida solitaria.
- Los machos pesan 99 libras (45 kg).
- Las hembras pesan 88 libras (40 kg).

PRIMER PLANO

Verdaderos leopardos

Aunque la palabra «leopardo» forma parte de su nombre, el leopardo de las nieves, el leopardo longibando y el gato leopardo no son leopardos verdaderos. El tamaño y la estructura de sus cráneos y gargantas son distintos de los de los leopardos. Los científicos han determinado que estos animales no están estrechamente emparentados con los leopardos.

CAPÍTULO TRES

LECCIONES DE VIDA

Cuando tienen alrededor de dos años, los cachorros de leopardo abandonan a sus madres para llevar una vida solitaria. Cada leopardo adulto establece su propio territorio. A menudo, las hembras comparten una parte del territorio de su madre. Los territorios de machos y hembras también pueden coincidir. El tamaño del territorio de un leopardo puede oscilar entre cuatro y 40 millas cuadradas (10 y 100 km^2).

Los leopardos emiten sonidos para comunicarse y mostrar sus emociones. Rugidos, silbidos y bramidos expresan agresividad. Los machos rugen para defender su territorio. Las hembras rugen para atraer la atención de los machos. Los gruñidos suaves de una hembra llaman a sus cachorros. Los cachorros maúllan a su vez. Tanto los machos como las hembras hacen un ruido semejante al que se produce cuando se aserra la madera. Con este ruido, anuncian los límites de su territorio. También es usado para la comunicación entre machos y hembras. Otro sonido, llamado «resoplido», se produce en los encuentros amistosos. Para emitirlo, el leopardo expulsa aire por la nariz y los labios.

(26) MESES

- Alcanza la madurez sexual.
- Aumenta el marcaje con olores, llamados y rugidos.
- Es más activo de noche, pero se le puede ver de día.
- Descansa y duerme en lo alto de los árboles.

Los leopardos también se comunican mediante olores. Marcan su territorio dejando su orina o sus heces en la zona. Otros leopardos los huelen y se alejan. Los leopardos también envían mensajes frotándose la cara contra árboles u otros objetos. Las glándulas odoríferas de las mejillas desprenden un olor. Cuando los leopardos hacen marcas con las garras en los troncos de los árboles, depositan un aroma liberado por las glándulas de sus patas. Otros leopardos captan el olor y saben quién estuvo allí.

Los leopardos alcanzan la madurez sexual entre los dos y los tres años. La hembra suele iniciar el cortejo. Para encontrar a un macho, se adentra en su territorio. Se mueve hacia adelante y hacia atrás frente al macho, frota la cabeza contra él y mueve la cola. Cuando la hembra queda embarazada, la **gestación** de los cachorros dura unos tres meses.

FAMLIA DESTACADA

Así se hace

La madre leopardo se agacha para acechar a un par de liebres. El cachorro la sigue, observando la cola de puntas blancas de su madre para ayudarse a atravesar la espesa maleza. La leoparda retrocede y deja que el cachorro avance. Acechando despacio y tan silenciosamente como puede, se acerca sigilosamente. Espera un momento antes de abalanzarse sobre la liebre más cercana. La asfixia de un mordisco en el cuello. El cachorro casi ha terminado su comida cuando percibe un olor familiar. ¡Un tigre siberiano está cerca! El cachorro y su madre abandonan la comida y corren hacia la madriguera, donde el tigre no puede seguirlos.

PRIMER PLANO

Manchas

Para distinguir entre guepardos, jaguares y leopardos, fíjate bien en sus manchas. Las manchas de un guepardo son de color negro puro. Las manchas del jaguar son más grandes que las del leopardo y tienen uno o más puntos negros en el centro de cada mancha. Las rosetas de leopardo son más pequeñas y no tienen puntos negros en el centro.

(3) AÑOS

- Las hembras dan a luz a su primera camada de cachorros.
- Las hembras cuidan a los cachorros.
- Los machos no participan en el cuidado de los cachorros.

(4) AÑOS

- Los machos mantienen territorios establecidos.
- Las hembras pasan la mitad de su vida adulta cuidando a los cachorros.

La mayoría de los leopardos viven entre 12 y 17 años. Dominar el arte de la caza los equipa para la supervivencia. Sin embargo, incluso los cazadores más hábiles deben permanecer alerta ante depredadores peligrosos que pueden acortarles la vida.

PRIMER PLANO

Movimiento

Los leopardos pueden correr a 36 millas (58 kilómetros) por hora. Pueden saltar 20 pies (6 m) hacia adelante para abalanzarse sobre su presa. Pueden saltar 10 pies (3 m) hacia arriba para trepar árboles y rocas y atrapar aves en el aire.

FAMLIA DESTACADA

La práctica hace al maestro

El joven leopardo se ha hecho fuerte y hábil. Semanas después de dejar a su madre, explora una parte del bosque con la esperanza de encontrar su propio territorio. Se concentra en las marcas de olor que deja en los árboles, pero no pasa por alto un ligero movimiento entre las hojas. En un instante, ve y huele un venado sika y se agacha. Se levanta y coloca las patas con cuidado en la nieve para evitar que cruja. Entonces, en el momento justo, se abalanza cruzando un arroyo y envuelve al animal con sus poderosas patas delanteras. Un profundo mordisco en el cuello completa la matanza. El leopardo arrastra fácilmente a su presa caída a un árbol cercano y la levanta para colgarla de una rama. Come hasta saciarse.

Las marcas de las GARRAS en los árboles contienen el *olor* característico de las ZARPAS DEL LEOPARDO.

12 AÑOS

- Las hembras dan a luz a la última camada.
- La supervivencia de los cachorros disminuye con la edad de la madre.

16 AÑOS

- Fin de la vida.

CAPÍTULO CUATRO

LOS LEOPARDOS PIERDEN TERRENO

Los leopardos están luchando por sobrevivir. En todo el mundo, la pérdida de hábitat ha reducido su número. Todas las subespecies de leopardo están clasificadas como amenazadas o en peligro. El leopardo Amur de Rusia es la subespecie más rara y vulnerable. Los **conservacionistas** calculan que quedan menos de 100 ejemplares en libertad.

Hace cientos de años, los leopardos recorrían una porción mucho mayor de África, Europa y Asia. Sin embargo, la gente se ha apropiado de gran parte de su hábitat y lo utiliza para granjas y otros tipos de desarrollos. Esto reduce la tierra disponible para los leopardos y disminuye sus territorios. Menos hábitat salvaje significa también menos animales de presa para los leopardos.

Forzar a los leopardos a territorios más pequeños suele acercarlos a los humanos. Los leopardos pueden empezar a cazar animales de granja. A veces, los ganaderos matan leopardos para proteger su ganado. La caza ilegal para obtener pieles, colmillos y carne de leopardo también causa la muerte de muchos leopardos.

Muchos grupos intentan proteger a los leopardos. La African Wildlife Foundation (Fundación para la Vida Silvestre Africana) trabaja en estrecha colaboración con los ganaderos para proteger a sus animales sin hacer daño a los leopardos. En algunos lugares, esta organización instala vallas que protegen al ganado de los leopardos. El Proyecto Científico para la Conservación del Leopardo del Gran Kruger coloca collares GPS (sistema de posicionamiento global) a los leopardos. Esto ayuda a los investigadores a estudiar sus comportamientos y movimientos.

La WildCats Conservation Alliance (Alianza para la Conservación de los Felinos Salvajes) y la Wildlife Conservation Society (Sociedad para la Conservación de la Vida Silvestre) trabajan juntas en China. Sus investigadores instalan cámaras trampa para registrar el número de leopardos de Amur. Instalan cámaras en árboles por los que deambulan los leopardos. Las cámaras toman fotos cuando los sensores de movimiento y calor detectan la presencia de animales. Los biólogos pueden ver las imágenes e identificar a los leopardos por sus manchas. Las rosetas de cada leopardo son únicas, como las huellas dactilares humanas. La información de las cámaras ayuda a los conservacionistas a crear lugares seguros para que vivan los grandes felinos.

Muchos zoológicos tienen programas de cría de leopardos, como el de San Diego (California) y el de Dartmoor (Inglaterra). Estos programas intentan aumentar las poblaciones de leopardos. En algunos zoológicos han nacido recientemente nuevos cachorros de leopardo de Amur. El Parque Highland Wildlife de Escocia creó un hábitat para el leopardo de Amur, diseñado para fomentar su cría con muy poco contacto humano. Esto permite al parque introducir a los cachorros en la naturaleza cuando maduran.

Aunque se están haciendo muchos esfuerzos para salvar a los leopardos en todo el mundo, queda mucho por hacer. Aprender sobre los leopardos puede ayudar a la gente a hacer cambios para proteger a estos hermosos y magníficos felinos.

INSTANTÁNEAS

DEL ÁLBUM FAMILIAR

El **leopardo de Sri Lanka** no tiene competencia de otros grandes felinos. Estos leopardos son los principales depredadores de la isla de Sri Lanka.

El **leopardo de Java**, que sólo se encuentra en la densamente poblada isla de Java (Indonesia), está en peligro crítico de extinción. Se están realizando esfuerzos de conservación para proteger al último gran carnívoro que queda en Java.

Los **leopardos de Indochina** suelen ser melánicos, o negros, en algunas partes de su área de distribución en el suroeste de Asia.

En 2017, el Grupo de Trabajo de Clasificación de Felinos del Grupo de Especialistas en Felinos dictaminó que la subespecie de **leopardo del norte de China** debía clasificarse junto con la subespecie de leopardo del Amur. Algunos biólogos no están de acuerdo con el cambio.

El **leopardo persa** es la mayor de todas las subespecies de leopardo. Su número está amenazado por la caza ilegal y la pérdida de hábitat.

El **leopardo árabe** está en peligro crítico. Tiene una de las poblaciones más pequeñas de todas las subespecies, con menos de 200 animales en libertad.

Se sabe que los **leopardos indios** cazan personas. Su historia como depredador peligroso impide que algunas personas apoyen la conservación del leopardo en la India.

En el África subsahariana, los **leopardos africanos** suelen ocupar las madrigueras de osos hormigueros como guarida.

En un esfuerzo por salvar a los **leopardos de Amur**, Rusia ha protegido casi 650,000 acres (263,000 ha) del hábitat del leopardo y lo ha llamado Parque Nacional del Leopardo.

PALABRAS que hay que saber

acechan Que persiguen secreta y silenciosamente.

asfixia Que mata a un animal impidiéndole respirar; lo sofoca o estrangula hasta la muerte.

conservacionistas Personas que intentan salvar y proteger los recursos naturales de la Tierra, incluida la fauna salvaje.

destetados Que dejan de alimentarse de la madre; fase de desarrollo en la que el animal debe alimentarse por sí mismo.

gestación Periodo de tiempo que tarda la cría de un mamífero en desarrollarse dentro de la madre; embarazo.

imitan Que copian.

leoparda Leopardo hembra.

nocturnos Que están activos durante la noche y en reposo durante el día.

oportunistas Que aprovechan cualquier oportunidad o recurso disponible.

pezuñas Conjunto de dedos de una misma pata, cubiertos con un casco.

subespecies Tipos o variedades de seres vivos dentro de una especie.

Visita

KRUGER NATIONAL PARK

Creado como refugio de vida salvaje en 1898, Kruger ofrece safaris en vehículos, safaris guiados y estadías durante la noche.

Skukuza 1350
Mpumalanga, South Africa

MAASAI MARA NATIONAL RESERVE

Emprende una aventura en globo aerostático sobre la reserva natural o toma un safari en 4 x 4 para verla a ras del suelo.

C13 Lolgorien
Narok, Kenya

ROOSEVELT PARK ZOO

No olvides buscar los juguetes de entretenimiento y artículos ofrecidos a los leopardos del zoológico y a otros animales del lugar.

1219 Burdick Expressway East
Minot, ND 58701

SAN DIEGO ZOO

Busca a los cachorros gemelos de leopardo de Amur en exhibición.

2920 Zoo Drive
San Diego, CA 92101

ÍNDICE ALFABÉTICO